MANUEL

DES

CONSTRUCTIONS MÉTALLIQUES

CHARPENTES ET PONTS

TROISIÈME ÉDITION

RÉSISTANCE DES MATÉRIAUX
GRAPHOSTATIQUE

APPLIQUÉES AUX

SYSTÈMES TRIANGULAIRES — FERMES ET POUTRES
ARCS ARTICULÉS, CONTINUS, ENCASTRÉS
DOME SPHÉRIQUE
RÈGLEMENT DE 1891 SUR LES PONTS — DONNÉES DE CONSTRUCTION, etc.

PAR

J. BUCHETTI

INGÉNIEUR CIVIL (A. M.) (E. C. P.)
EX-CONSTRUCTEUR
EX-PROFESSEUR SUPPLÉANT A L'ÉCOLE CENTRALE DE PARIS

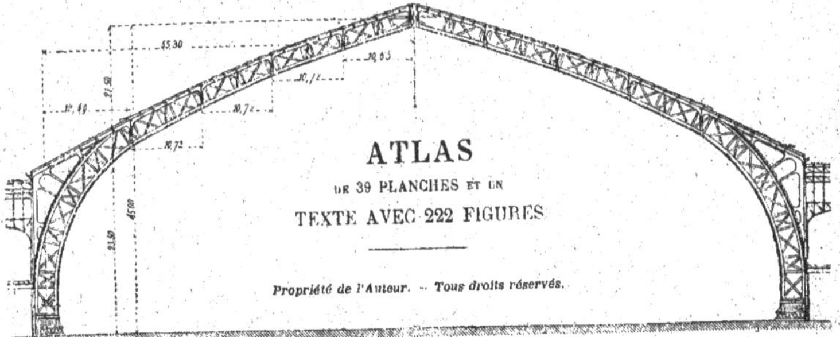

ATLAS
DE 39 PLANCHES ET UN
TEXTE AVEC 222 FIGURES

LIBRAIRIE POLYTECHNIQUE CH. BÉRANGER
15, RUE DES SAINTS-PÈRES, 6e
PARIS

MANUEL

DES

CONSTRUCTIONS MÉTALLIQUES

EXTRAIT

d'un jugement rendu par le Tribunal civil de la Seine

(1898)

en faveur de J. Buchetti

« Attendu que sans rechercher si les dessins revendiqués par Buchetti ont une destination industrielle, il est indiscutable que par leur conception et leur exécution ils rentrent dans le domaine des beaux-arts et sont, à ce titre, protégés par la loi de 1792...

« Attendu que Buchetti paraît avoir surtout eu pour but, en introduisant son action, de faire respecter ses droits et qu'il lui suffira de lui allouer à titre de dommages-intérêts une somme de... et de faire cesser la contrefaçon.

« Pour ces motifs, dit que les dessins (suit l'énumération des dessins contrefaits) ont été *contrefaits*. Ordonne la destruction des clichés dans la huitaine de la signification du présent jugement.

« Fait défense à X.-Y de reproduire les dits dessins dans les futures éditions de l'ouvrage de X.

« Condamne X et Y à payer à Buchetti la somme de... à titre de dommages-intérêts...

« Condamne les défendeurs aux dépens. »

MANUEL

DES

CONSTRUCTIONS MÉTALLIQUES

CHARPENTES ET PONTS

TROISIÈME ÉDITION

RÉSISTANCE DES MATÉRIAUX
GRAPHOSTATIQUE

APPLIQUÉES AUX

SYSTÉMES TRIANGULAIRES — FERMES ET POUTRES
ARCS ARTICULÉS, CONTÍNUS, ENCASTRÉS
DOME SPHÉRIQUE
RÈGLEMENT DE 1891 SUR LES PONTS — DONNÉES DE CONSTRUCTION, etc.

PAR

J. BUCHETTI

INGÉNIEUR CIVIL (A. M.) (E. C. P.)
EX-CONSTRUCTEUR
EX-PROFESSEUR SUPPLÉANT A L'ÉCOLE CENTRALE DE PARIS

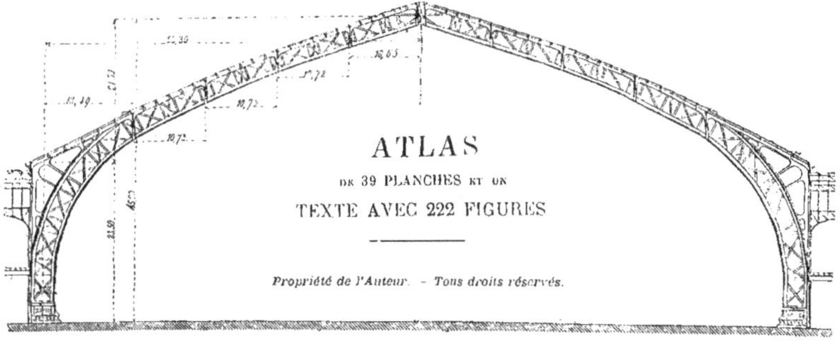

ATLAS

DE 39 PLANCHES ET UN

TEXTE AVEC 222 FIGURES

LIBRAIRIE POLYTECHNIQUE CH. BÉRANGER
15, RUE DES SAINTS-PÈRES, 6e
PARIS

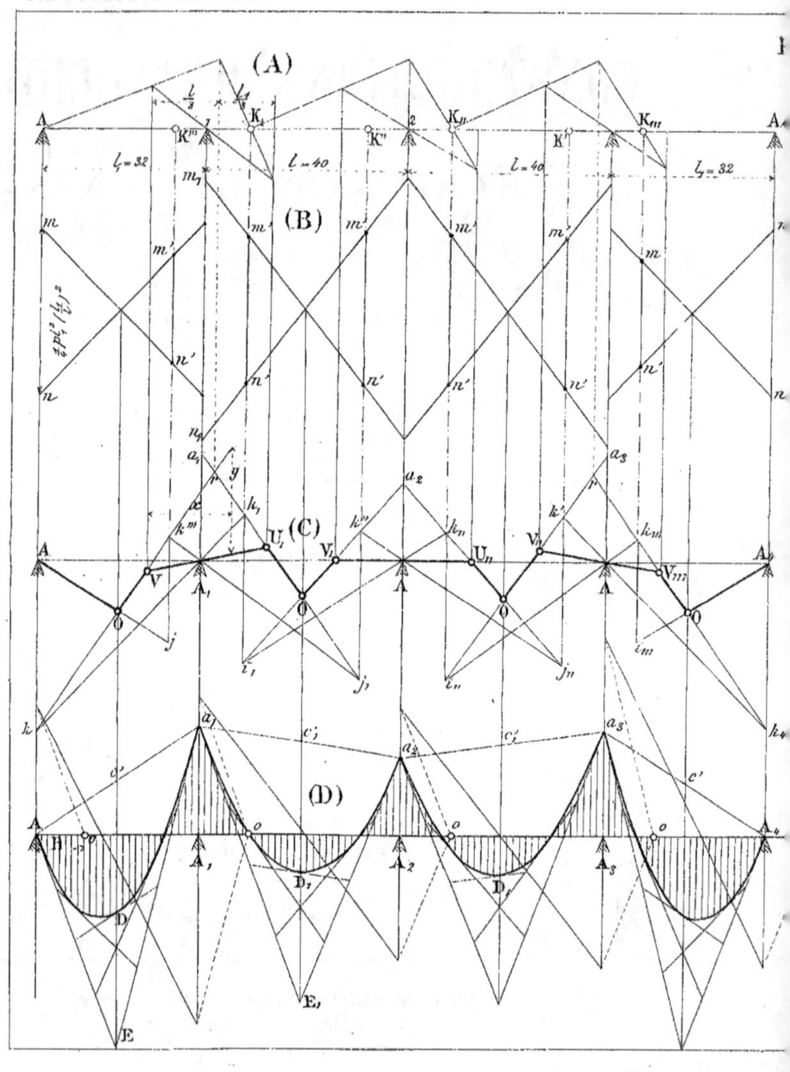
(A)
(B)
(C)
(D)

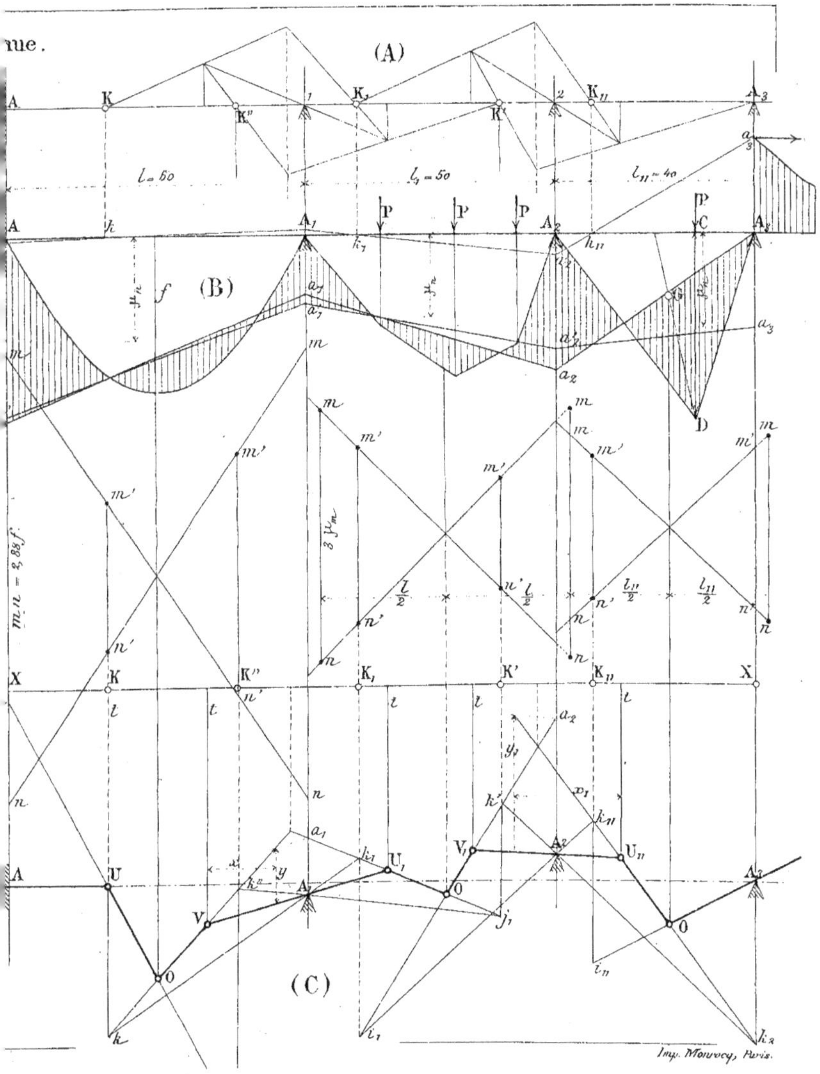

nue.
(A)
A   K   K''   1   K,   2   K,,   a_3   a_3
$l = 60$ $l_1 = 50$ $l_{11} = 40$
A   k   A_1   P P P   A_2   h_{11}   P C   A_3
(B)
μ_n f   a_1   k_1   a_2
m   a_1'   a_1'   a_2'   a_3
m   m   m   m   m
m'   m'   m'   m'   m'   m'
$m.n = 2,88 f.$
$3\,\mu_m$
m'
n'   n' $n'\,\frac{l}{2}$ n' $\frac{l_{11}}{2}$ n'
n   n   n   n   n
X   K   K''   K_1   K'   K_{11}   X
t   t ℓ ℓ ℓ
n   n   a_2
a_1   y_1
k'   x_1   k_{11}
n   a_1   k_1   U_1   V_1   A_2   U_{11}
A   U   k''   y   A_1   0   j_1   0   A_3
V   0   i_{11}
k   (C)   i_1   k_2
Imp. Monrocq, Paris.

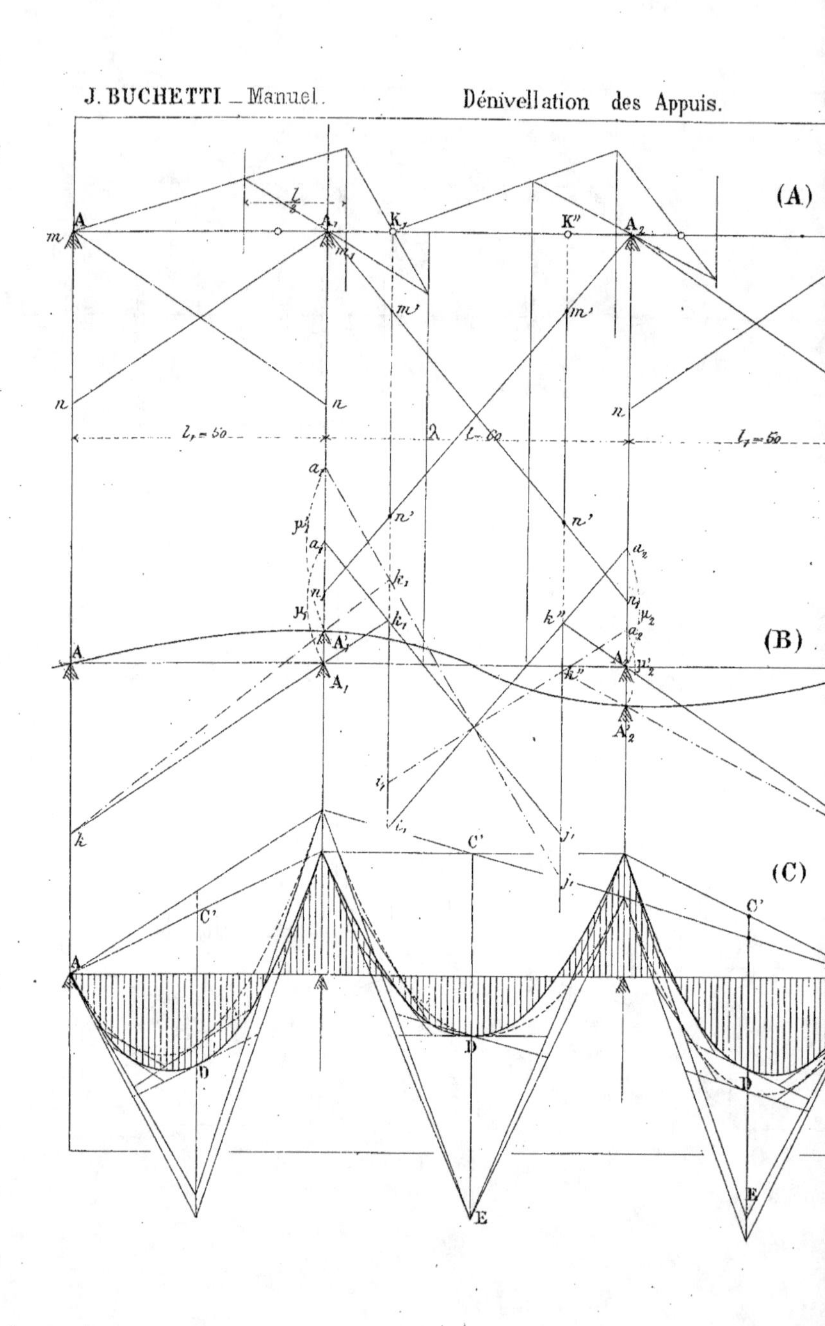
(A)
(B)
(C)
m   A   K,   K"   A_2
m_1
m'   m'
n   n   n
l_1 = 50   2 l = 60   l_1 = 50
a_1
a_1
a_2
k_1
k"
A   A'   A'_1   A'   A'_2
A_1
k   C'
C'   D   D
E   E

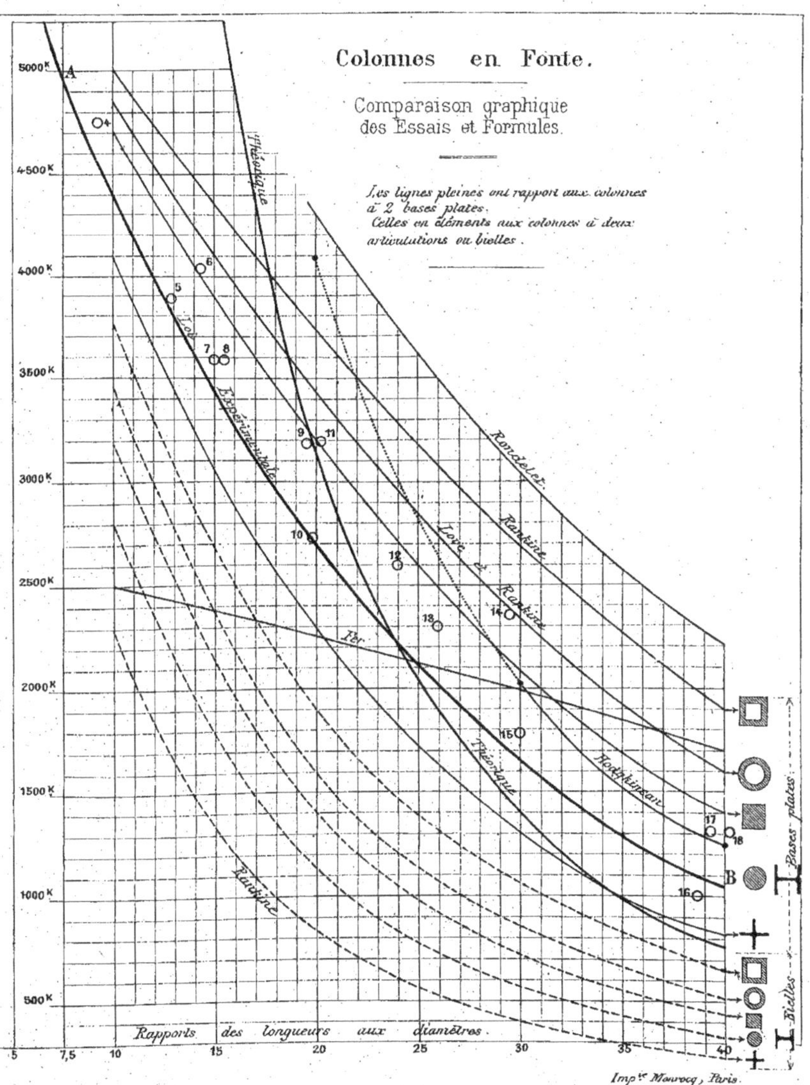

Pl. IV.
Colonnes en Fonte.
Comparaison graphique
des Essais et Formules.
Les lignes pleines ont rapport aux colonnes
à 2 bases plates.
Celles en éléments aux colonnes à deux
articulations ou bielles.
Théorique
Loi
Expérimentale
Rondelet.
Rankine.
Love et Rankine.
Fer
Théorique
Hodkinson.
Rankine
Rapports des longueurs aux diamètres.
Bases plates
Bielles
Imp.rie Monrocq, Paris.
5000 K
4500 K
4000 K
3500 K
3000 K
2500 K
2000 K
1500 K
1000 K
500 K
5   7,5   10   15   20   25   30   35   40
A
B

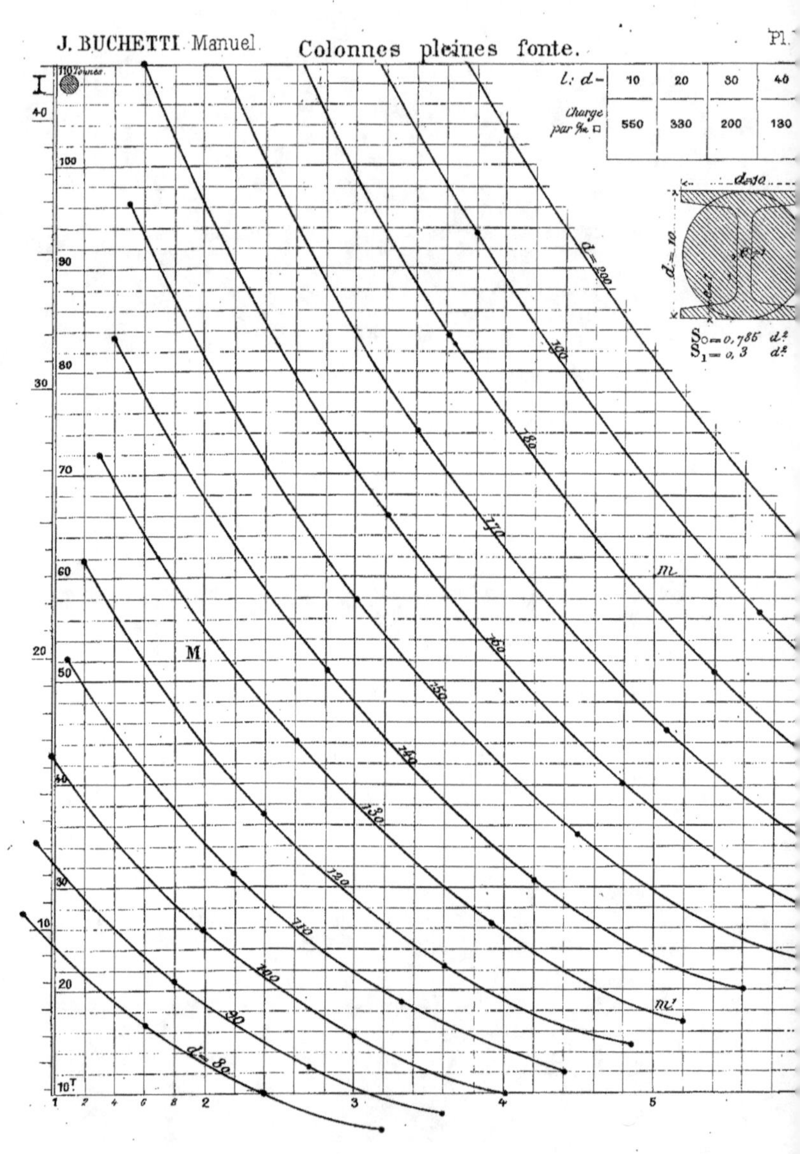

$l : d =$	10	20	30	40
Charge par $m^{□}$	550	330	200	130

$$S_0 = 0,785 \; d^2$$
$$S_1 = 0,3 \; d^2$$

Colonnes creuses fonte.

$l : d =$	10	20	30	40
Charges par m/m □ pour les deux sections.	600	430	290	200

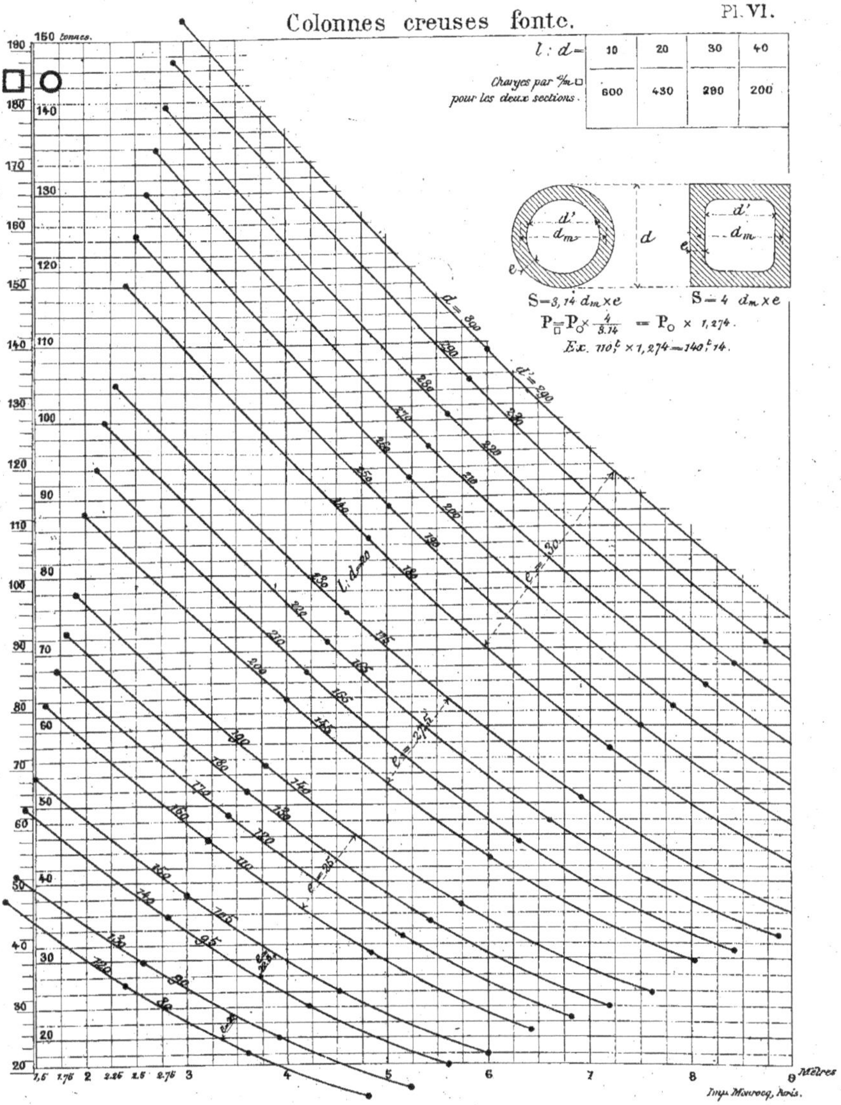
150 tonnes.
$S = 3,14\ d_m \times e$
$S = 4\ d_m \times e$
$P_{\square} = P_{\circ} \times \frac{4}{3.14} = P_{\circ} \times 1,274.$
Ex. $110^t \times 1,274 = 140^t,14.$
d = 300
d' = 290
l : d = 20
e = 30
e = 27½
e = 25
Mètres
Imp. Monrocq, Paris.

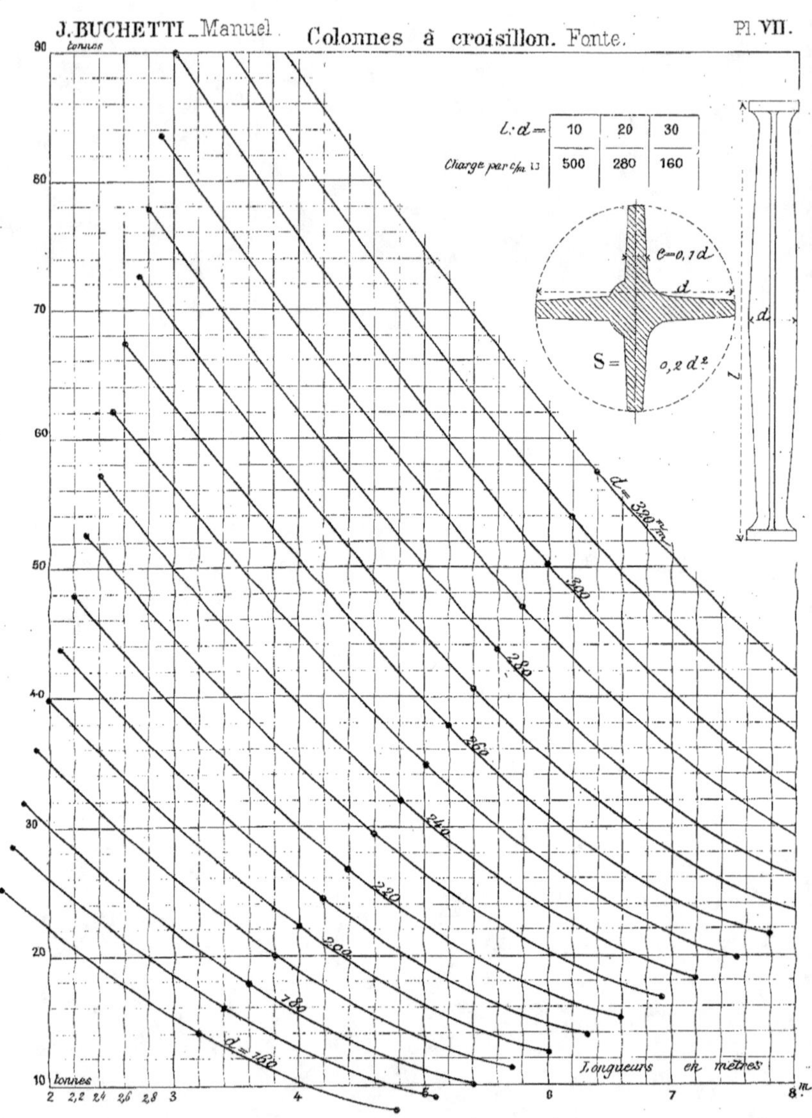

J. BUCHETTI _ Manuel
Colonnes à croisillon. Fonte.
Pl. VII.
90 tonnes
80
70
60
50
40
30
20
10 tonnes
l : d = | 10 | 20 | 30
Charge par c/m □ | 500 | 280 | 160
c = 0,1 d
d
S = 0,2 d²
d = 320 k/m
300
280
260
240
220
200
180
d = 160
Longueurs en mètres
2 2,2 2,4 2,6 2,8 3   4   5   6   7   8 m.

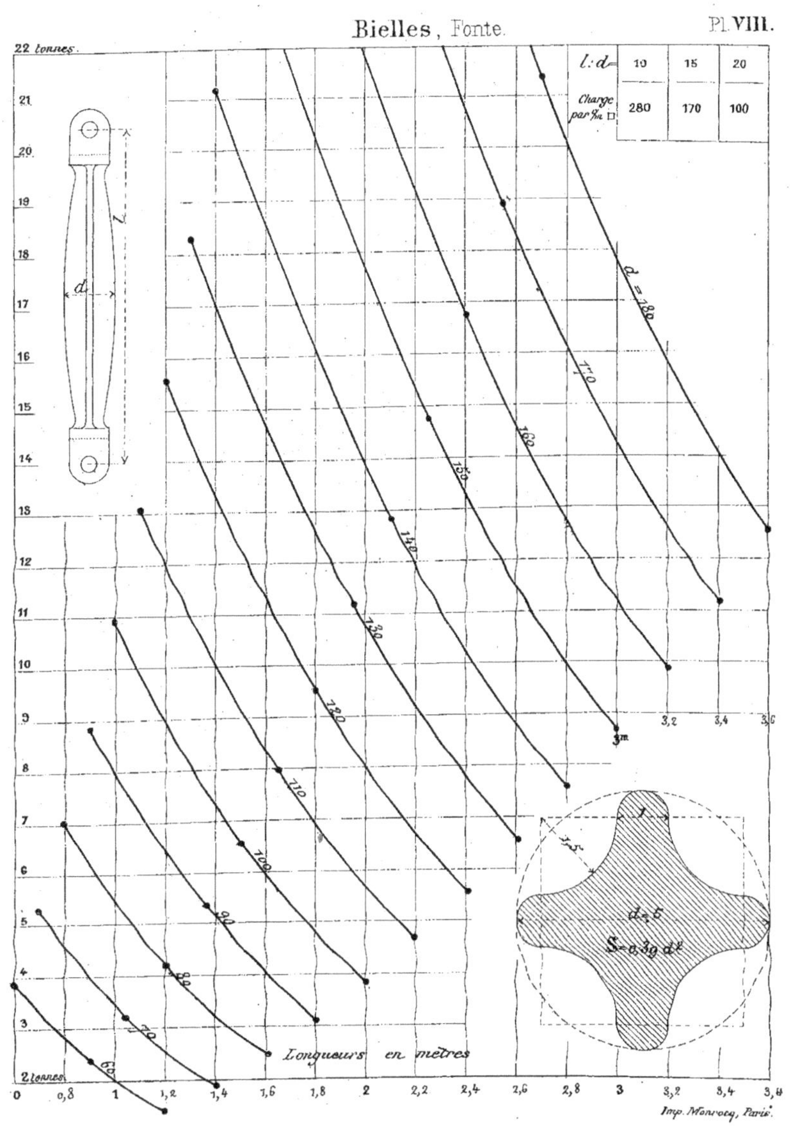

Bielles, Fonte.
Pl. VIII.
22 tonnes.
21
20
19
18
17
16
15
14
13
12
11
10
9
8
7
6
5
4
3
2 tonnes
l : d = 10   15   20
Charge par %n □   280   170   100
d = 180
170
160
150
140
130
120
110
100
90
80
70
60
3m
3,2   3,4   3,6
d = 5
S = 0,59 d²
Longueurs en mètres
0   0,8   1   1,2   1,4   1,6   1,8   2   2,2   2,4   2,6   2,8   3   3,2   3,4   3,6
Imp. Monrocq, Paris.

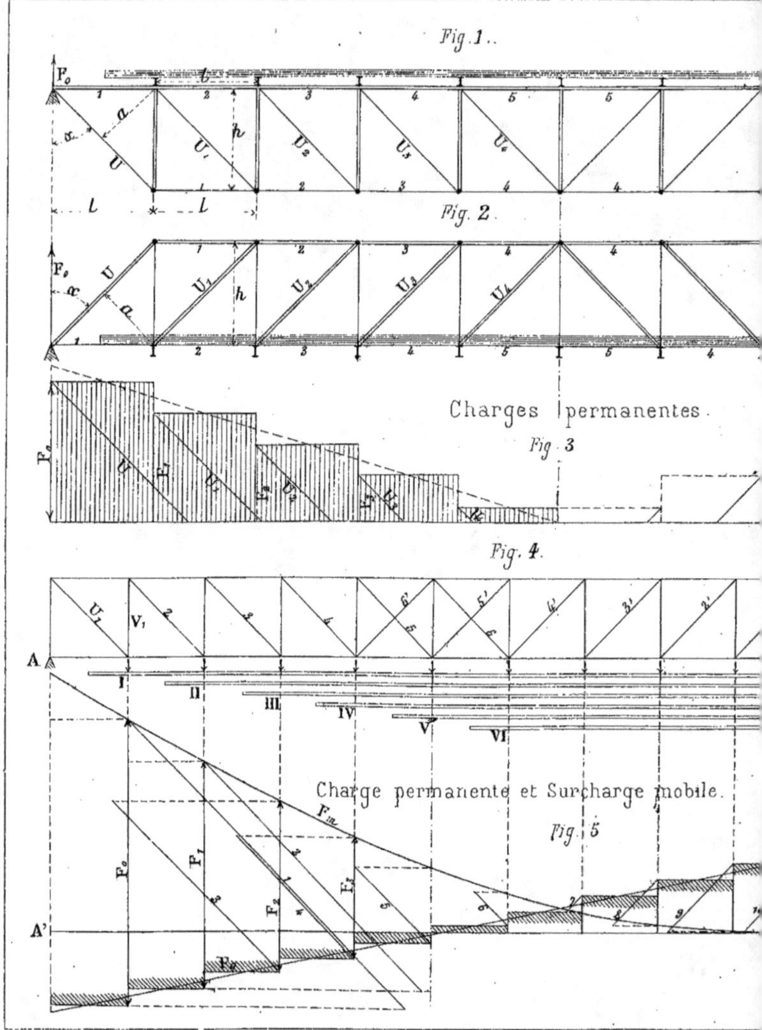
Fig.1..
Charges permanentes.
Fig. 3
Fig. 2.
Fig. 4.
Charge permanente et Surcharge mobile.
Fig. 5

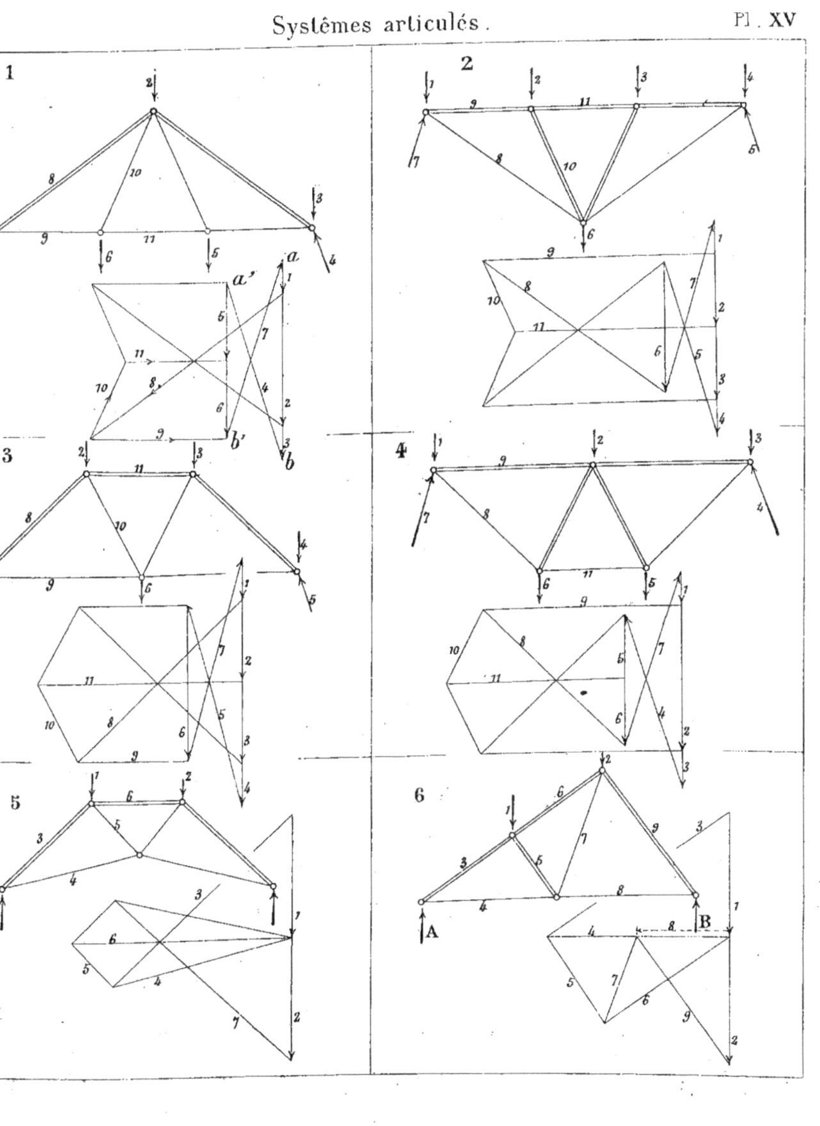

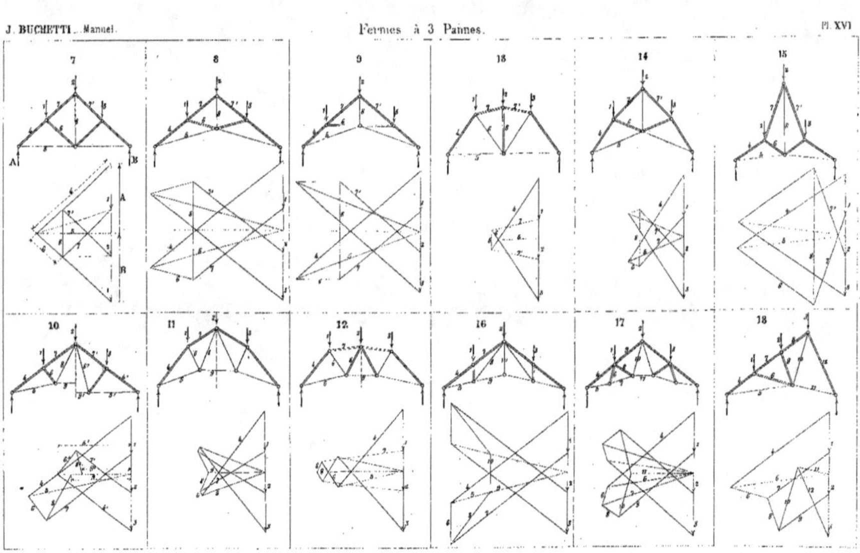

J. BUCHETTI _ Manuel.
Fermes à 3 Pannes.
Pl. XVI
7
8
9
13
14
15
10
11
12
16
17
18

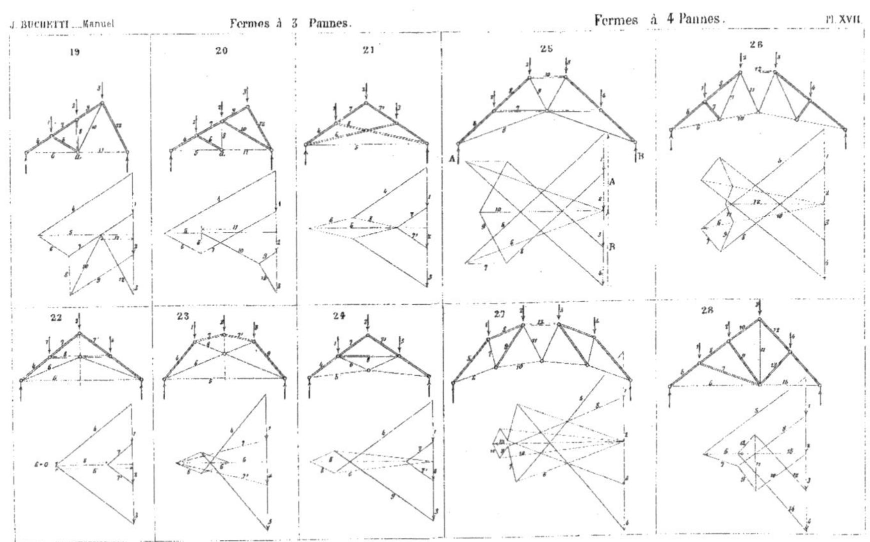

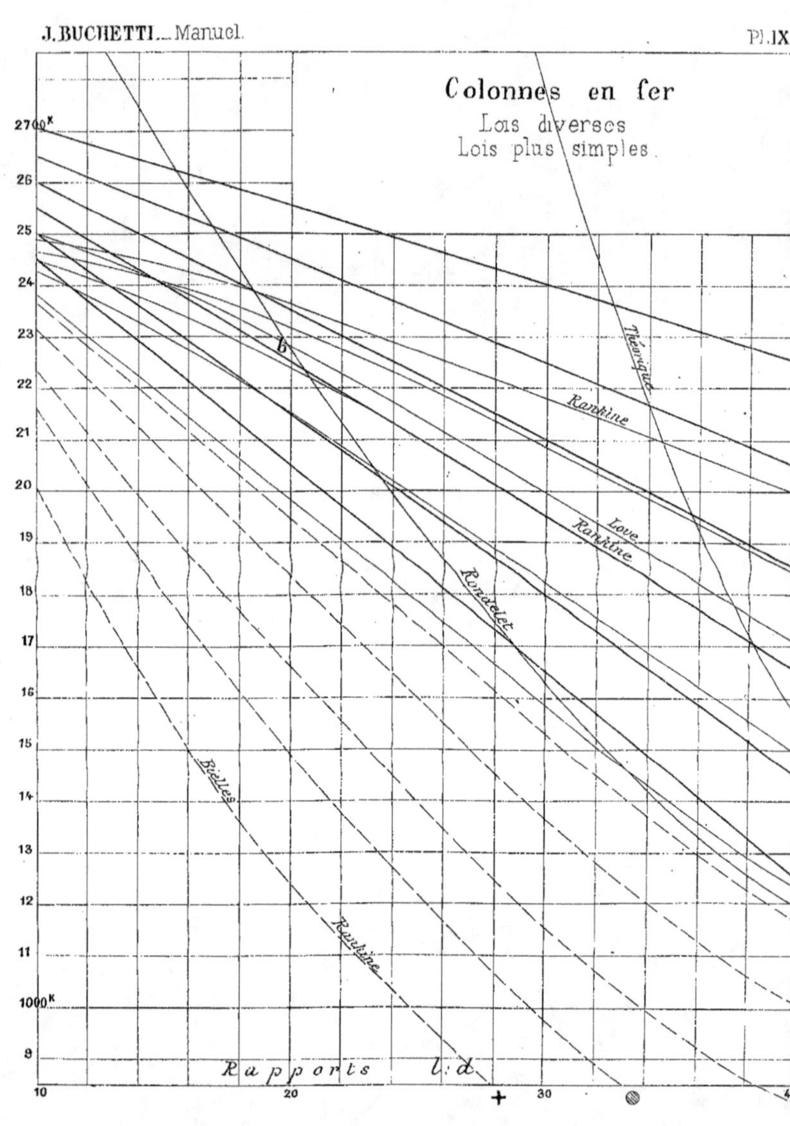
Colonnes en fer
Lois diverses
Lois plus simples.
Théorique
Rankine
Love
Rankine
Ronzelet
Bielles
Rankine
Rapports l:d
2700ᵏ
26
25
24
23
22
21
20
19
18
17
16
15
14
13
12
11
1000ᵏ
9
b
10
20
30
40

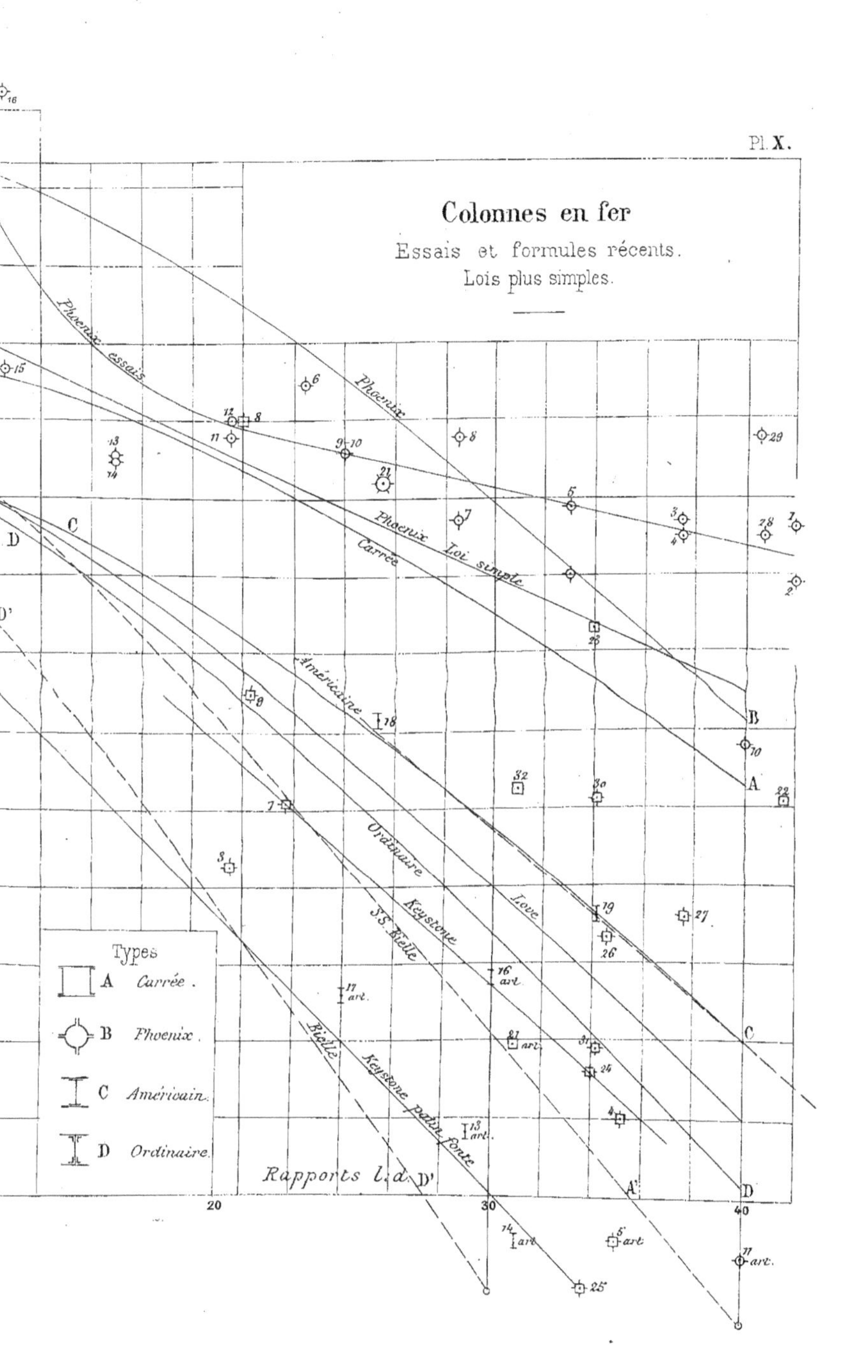
Pl. X.
Colonnes en fer
Essais et formules récents.
Lois plus simples.
Phoenix essais
Phoenix
Phoenix Loi simple
Carrée
Américaine
Ordinaire
Keystone
Love
J.S. Bielle
Bielle
Keystone patin fonte
Rapports l. d. D'
Types
A   Carrée.
B   Phœnix.
C   Américain.
D   Ordinaire.
10
20
30
40

Piliers Bois.

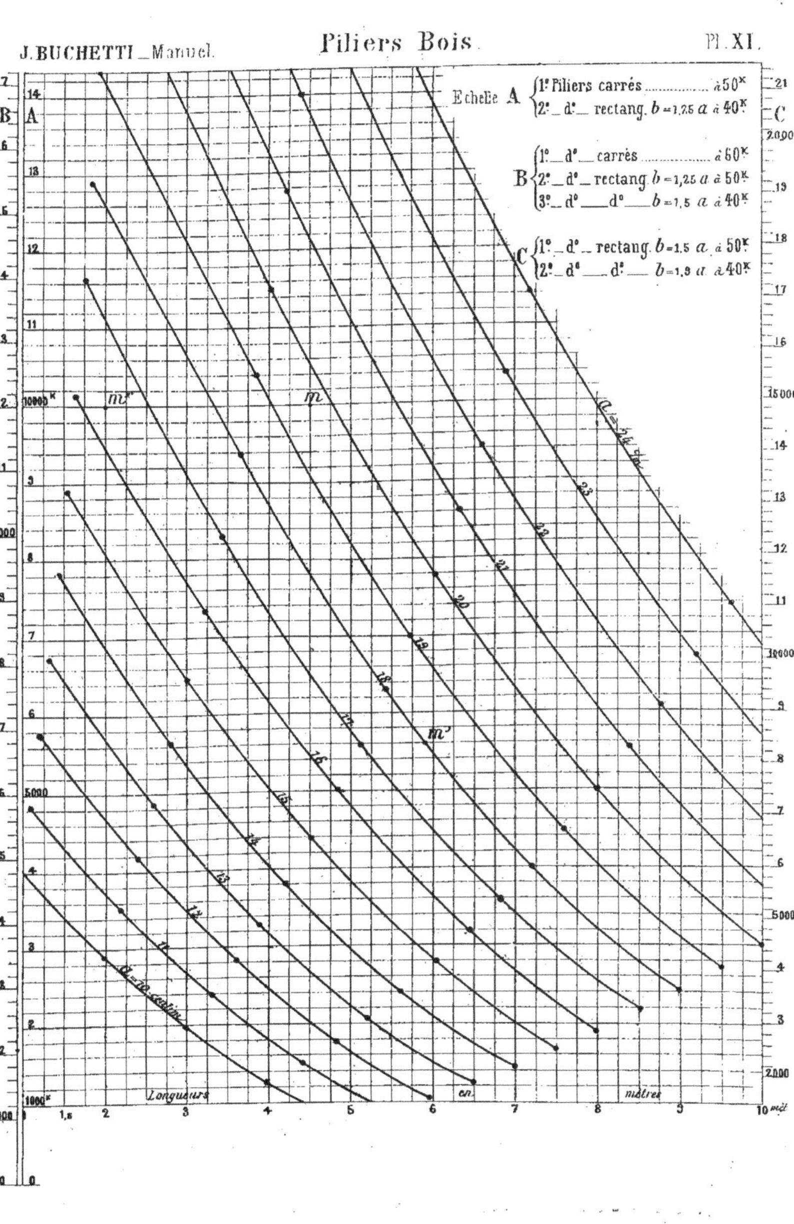

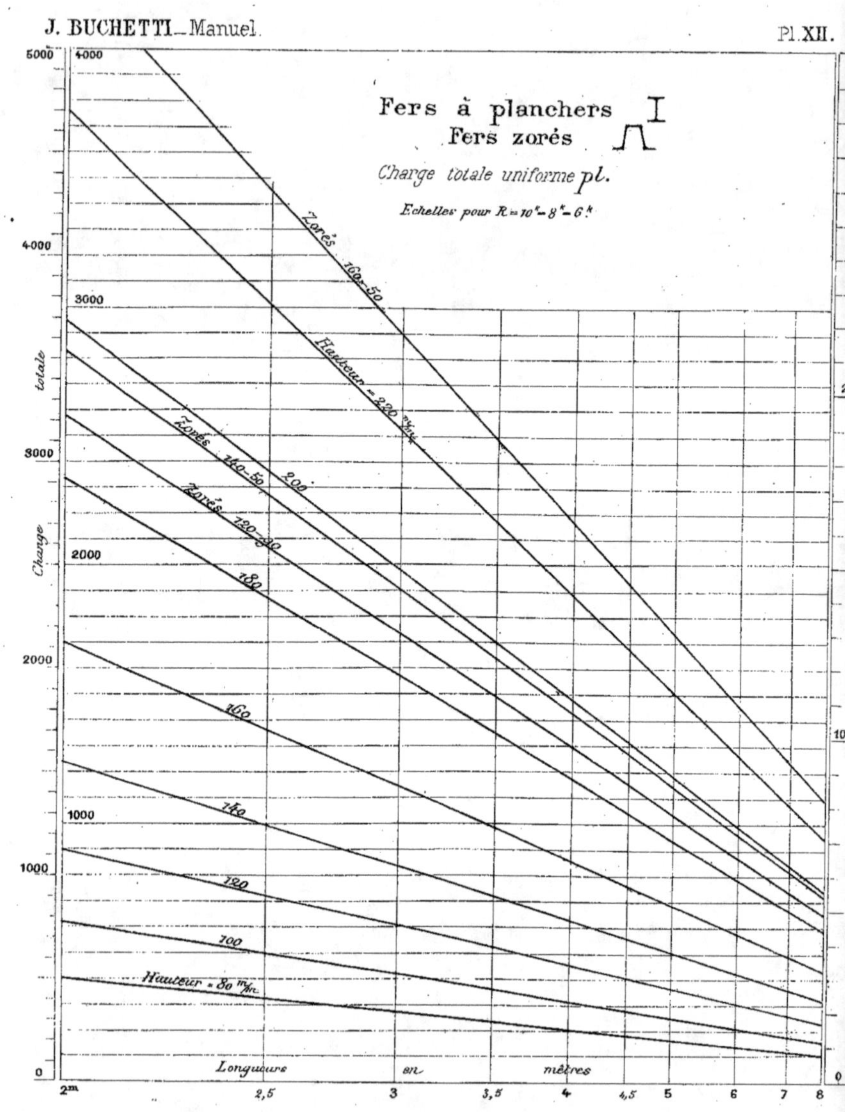
Fers à planchers
Fers zorés
Charge totale uniforme pl.
Echelles pour R = 10ᵏ- 8ᵏ- 6ᵏ
Zorés 100-50
Hauteur = 220 ᵐ/ᵐ
Zorés 160-50
200
Zorés 120-30
180
160
140
120
100
Hauteur = 80 ᵐ/ᵐ
totale
Charge
Longueurs   en   mètres
5000
4000
3000
3000
2000
2000
1000
1000
0
2ᵐ   2,5   3   3,5   4   4,5   5   6   7   8

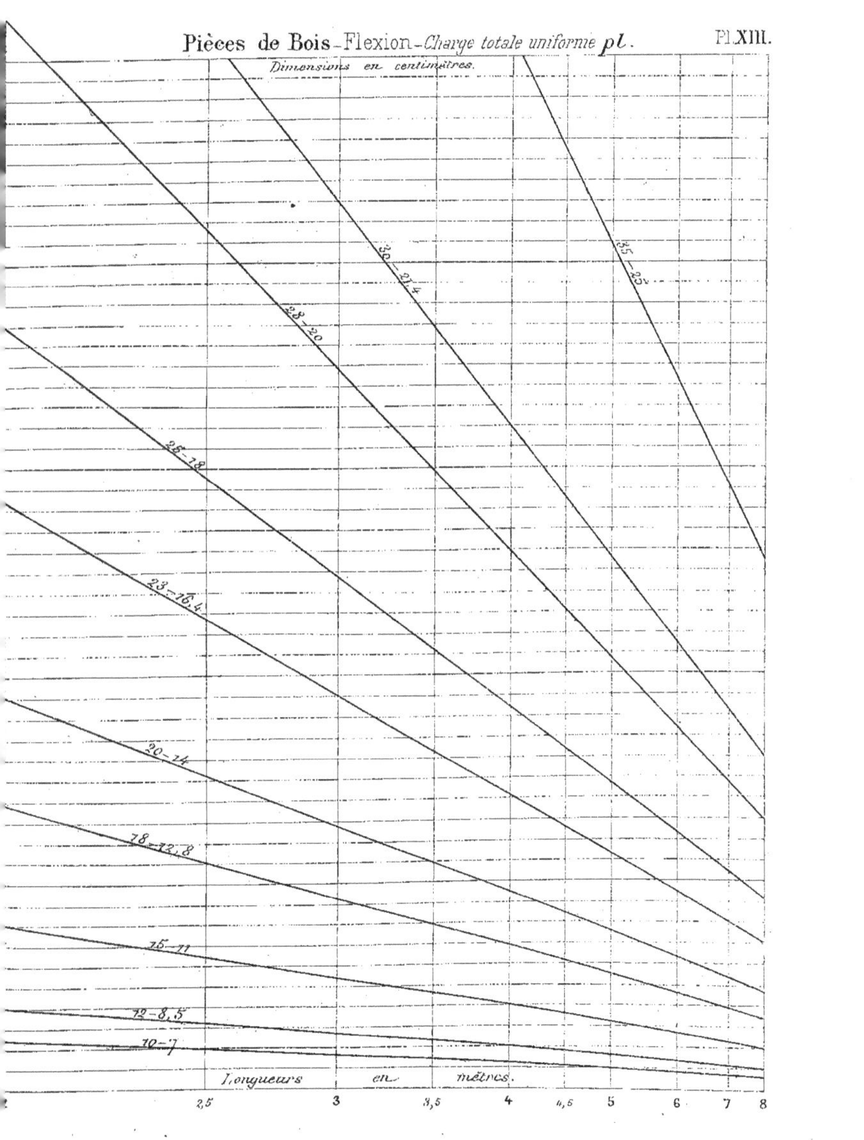

Pièces de Bois—Flexion—Charge totale uniforme pl.
Pl. XIII.
Dimensions en centimètres.
30—21,4
35—25
28—20
25—18
23—16,4
20—14
18—12,8
15—11
12—8,5
10—7
Longueurs en mètres.
2,5
3
3,5
4
4,5
5
6
7
8

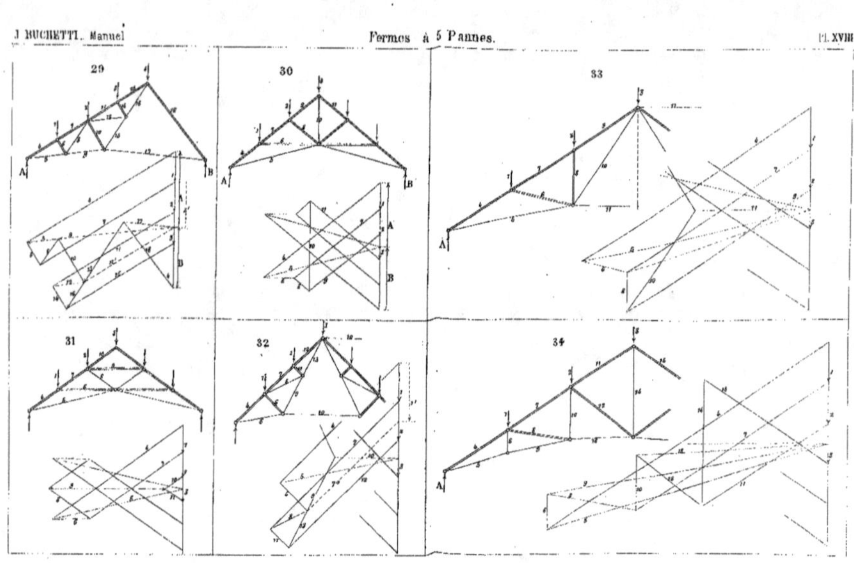
29
30
33
31
32
34
A
B
A
B
A
B
A
A

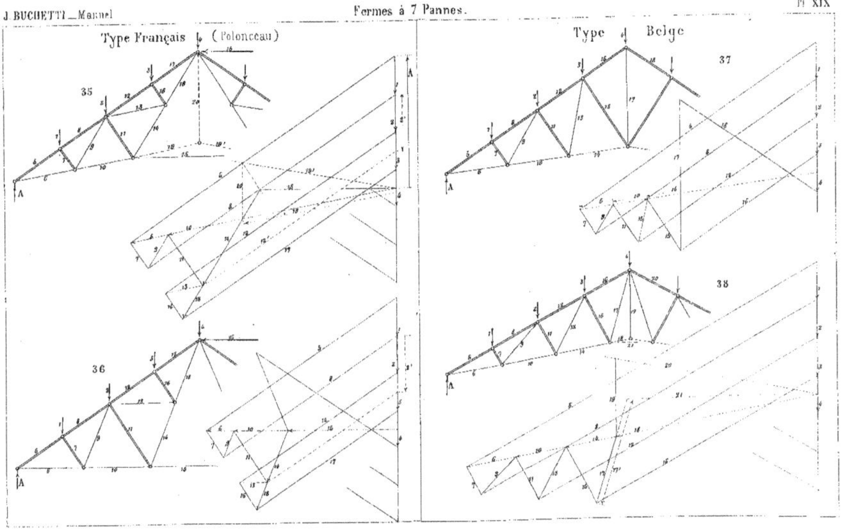
Type Français (Polonceau)
35
36
A
Type Belge
37
38
A

Type Anglais.

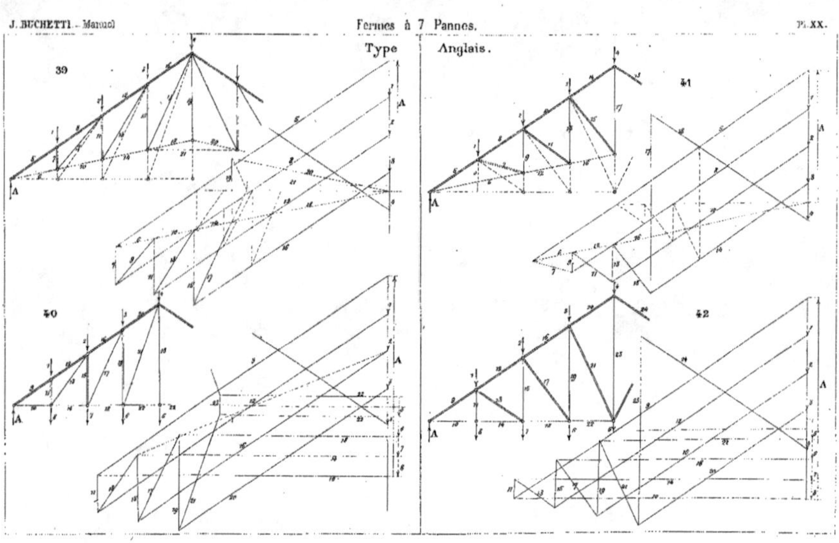

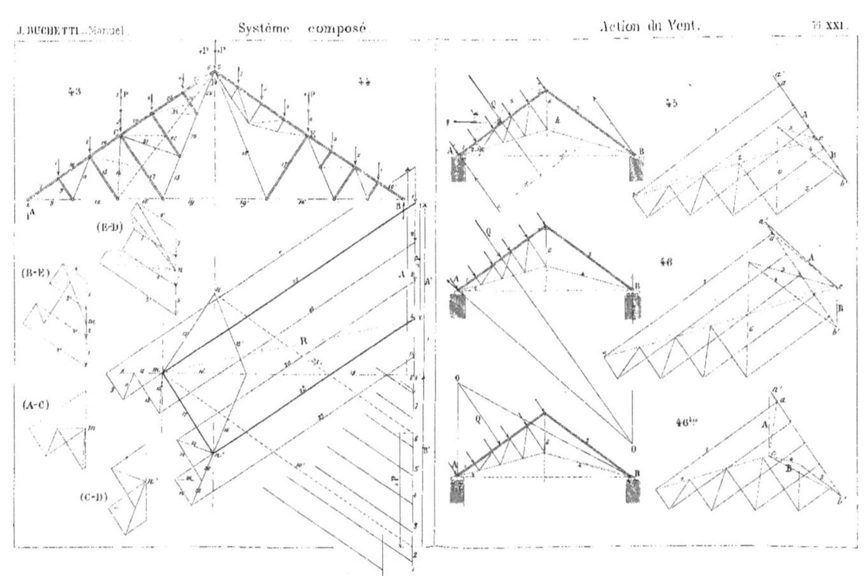
43
44
45
46
46 bis
(E-D)
(B-E)
(A-C)
(C-D)
A
B
O
Q
R
P

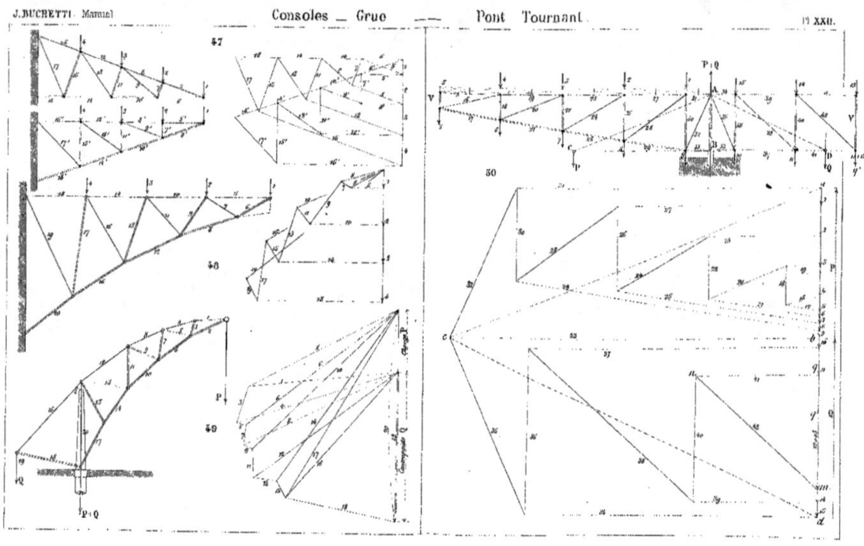
47
48
49
50
P
P+Q
P+Q

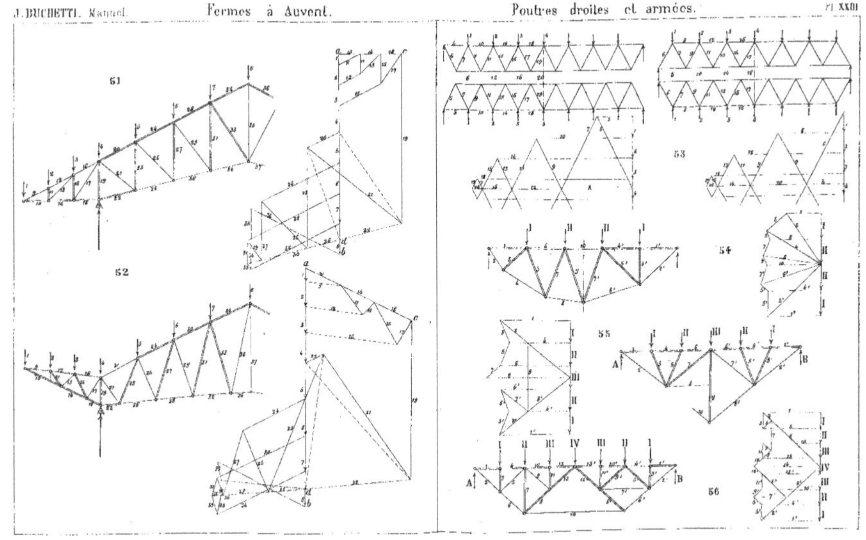

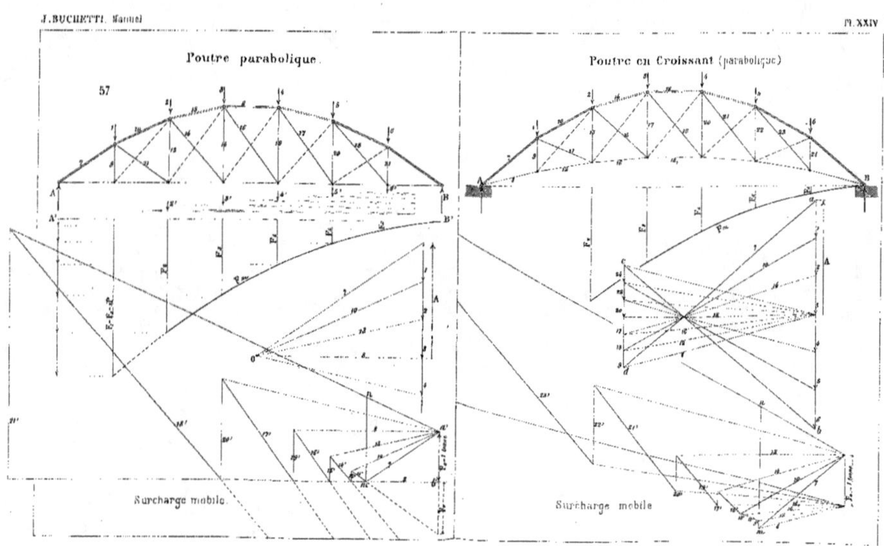
J.BUCHETTI. Manuel
Pl. XXIV
Poutre parabolique.
Poutre en Croissant (parabolique)
Surcharge mobile.
Surcharge mobile

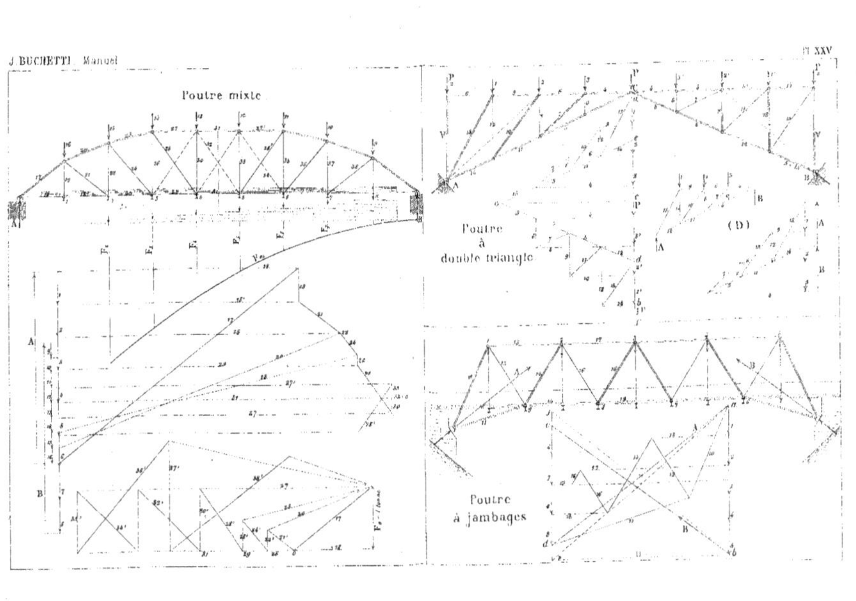
Poutre mixte
Poutre
à
double triangle
(D)
Poutre
à jambages
A
B

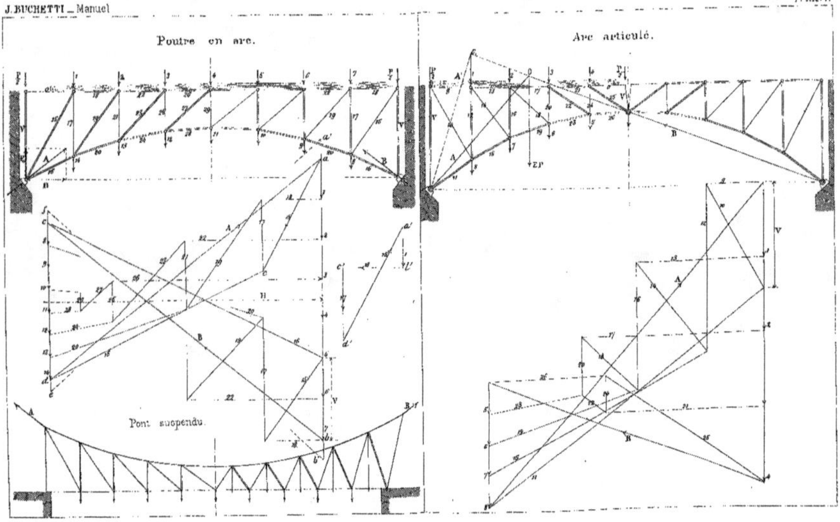

Poutre en arc.

Arc articulé.

Pont suspendu.

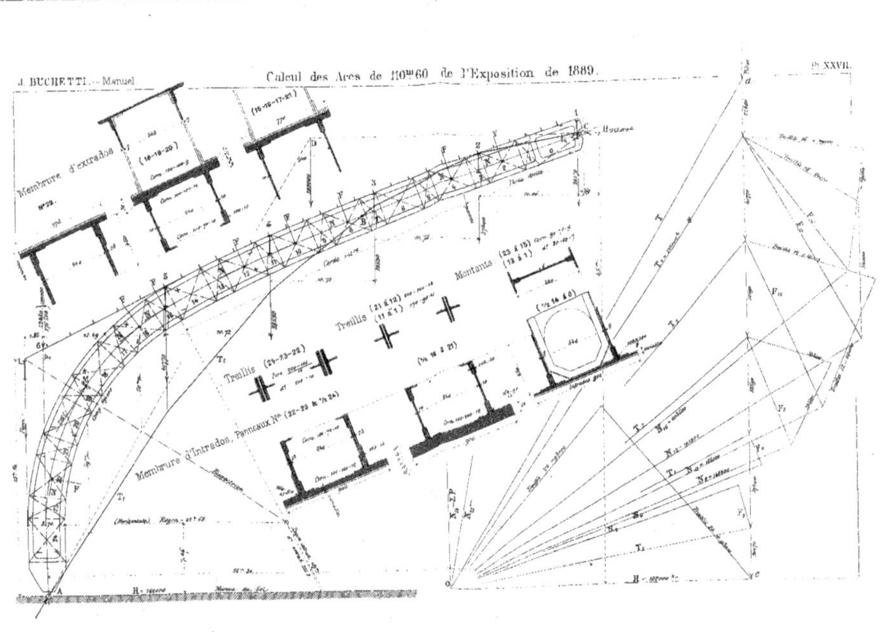
Membrure d'extrados
Membrure d'Intrados, Panneaux Nᵒˢ (22-23 & ¼ 24)
Treillis (24-23-22)
Treillis (21 & 12)
Treillis (11 & 1)
Montants
A
B
C
O

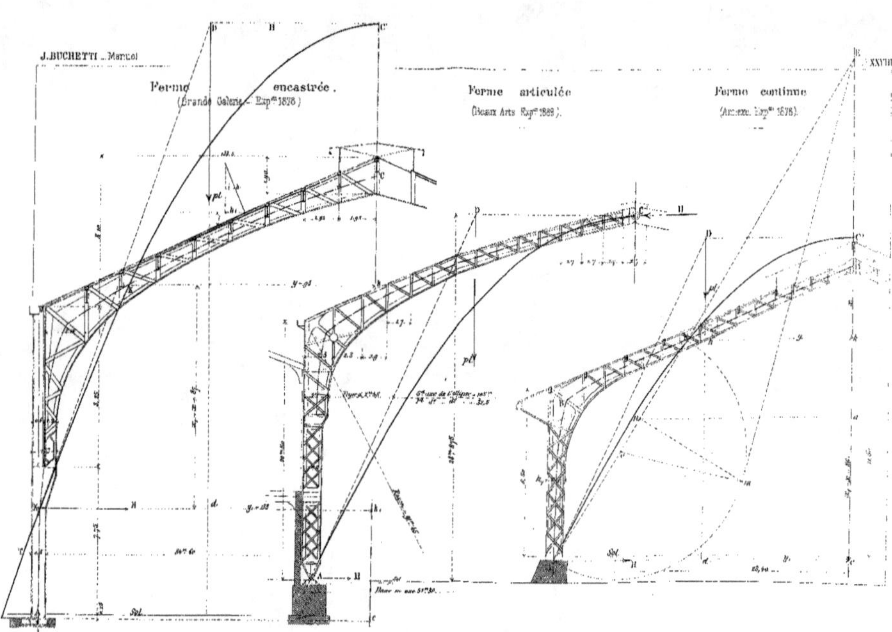

J. BUCHETTI _ Manuel
PL. XXVIII.
Ferme encastrée.
(Grande Galerie _ Expⁿ 1878)
Ferme articulée
(Beaux Arts Expⁿ 1889).
Ferme continue
(Annexe. Expⁿ 1878).

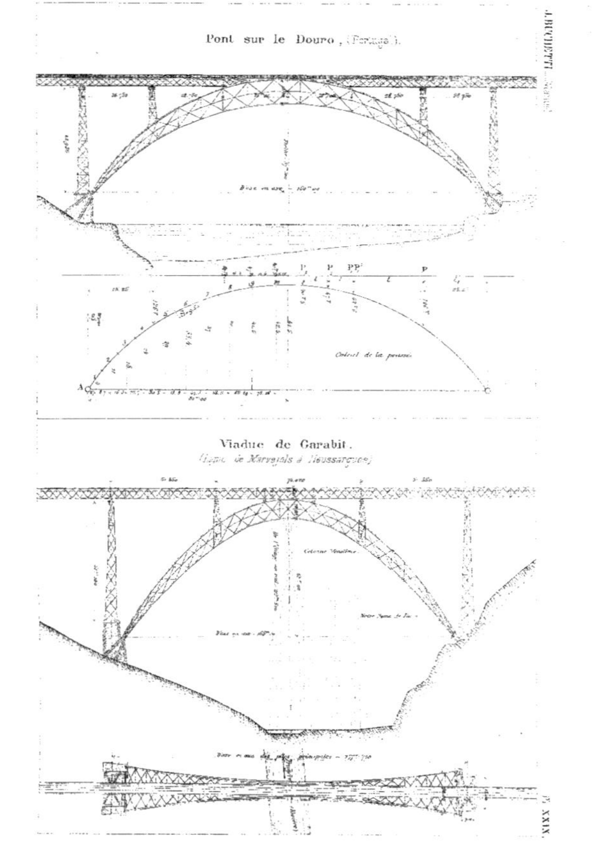
Pont sur le Douro, (Portugal).
Courbe de la pression.
Viaduc de Garabit.
(ligne de Marvejols à Neussargues)

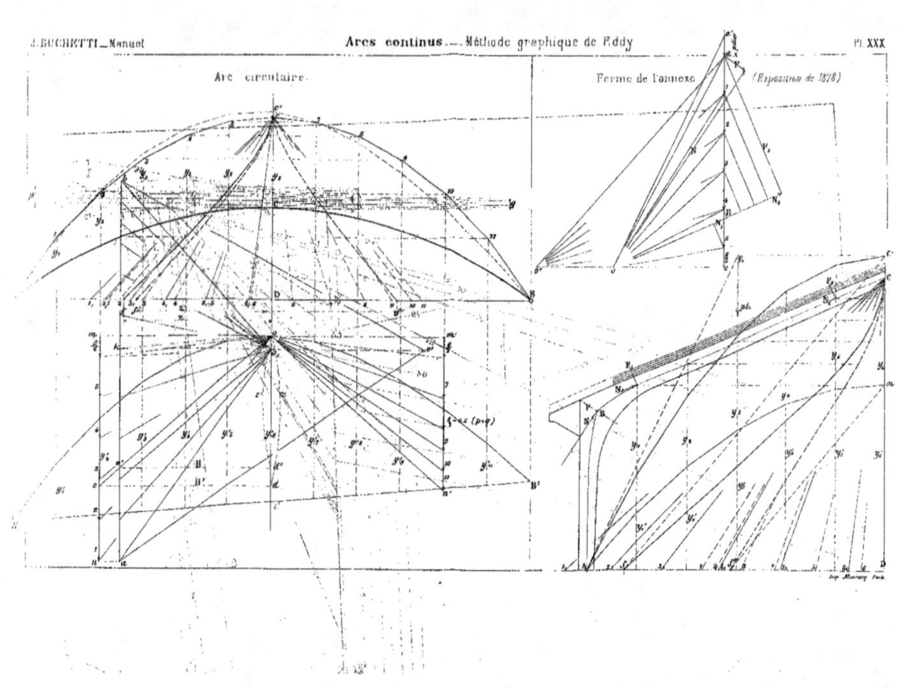

J. BUCHETTI _ Manuel
Arcs continus. _ Méthode graphique de Eddy
Pl. XXX
Arc circulaire.
Ferme de l'annexe
(Exposition de 1878)
Imp. Monrocq, Paris.

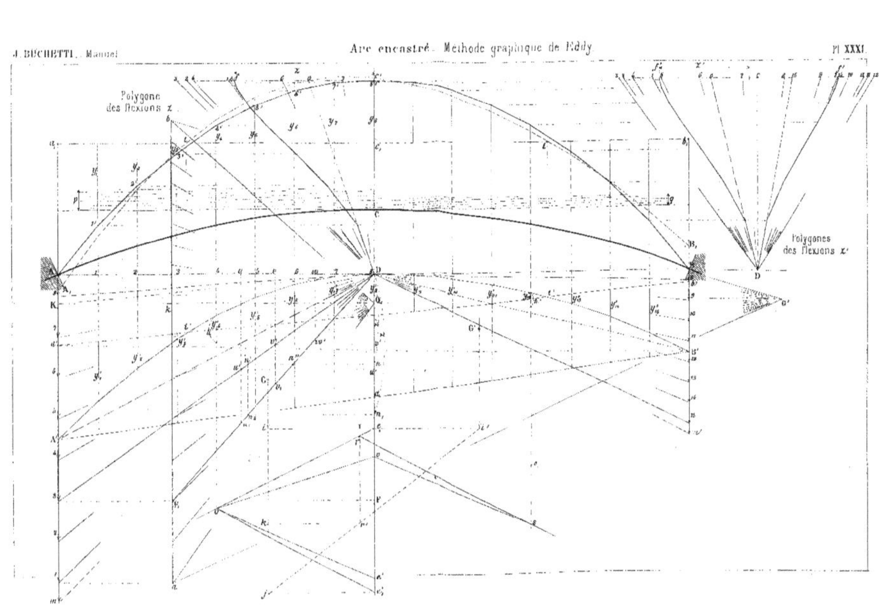
Polygone
des flexions z
Polygones
des flexions z'

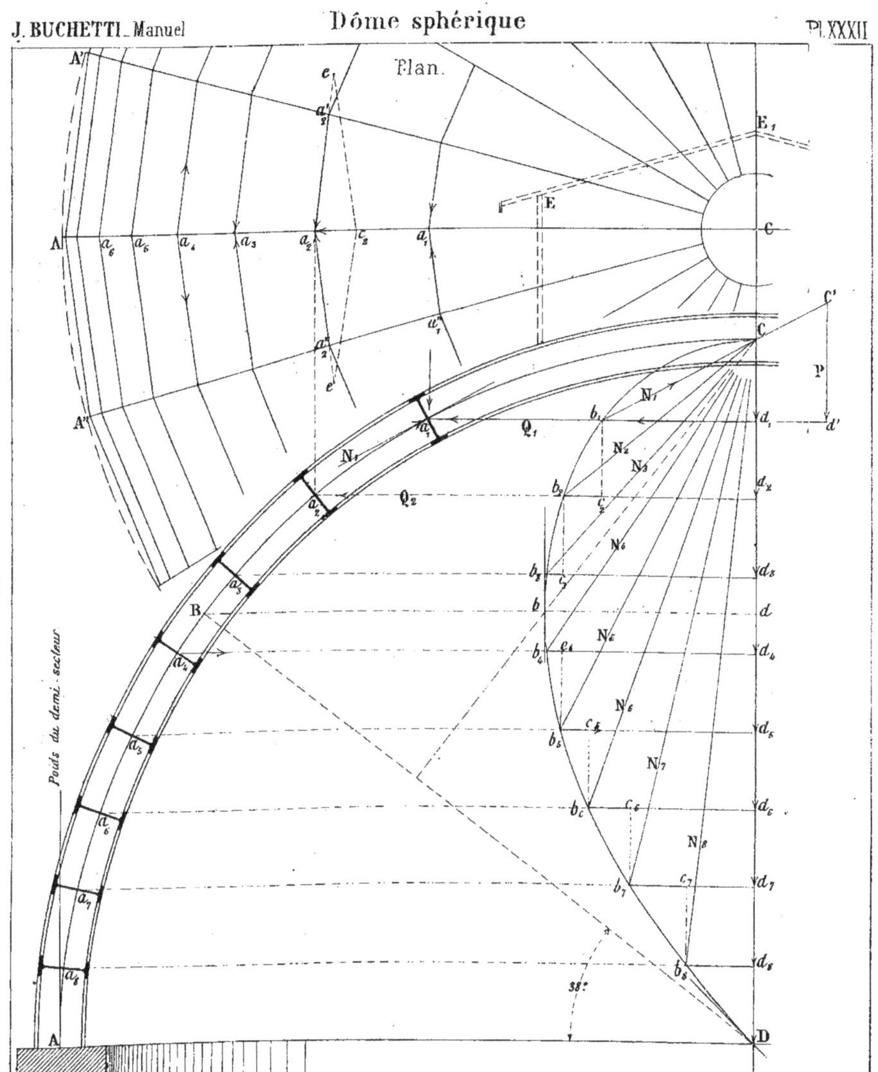
Plan.
A''
A
A'
a_6 a_5 a_4 a_3 a_2 c_2 a_1
e_1
a_2'
a_1'
a_2''
e'
E
E
E_1
C
C'
C
P
d'
d_1
d_2
d_3
d
d_4
d_5
d_6
d_7
d_8
a_1
a_2
a_3
a_4
a_5
a_6
a_7
a_8
B
N_1
N_2
Q_1
Q_2
b_1
b_2
b_3
b
b_4
b_5
b_6
b_7
b_8
c_2
c_3
c_4
c_5
c_6
c_7
N_1
N_2
N_3
N_4
N_5
N_6
N_7
N_8
Poids du demi-secteur
38°
D

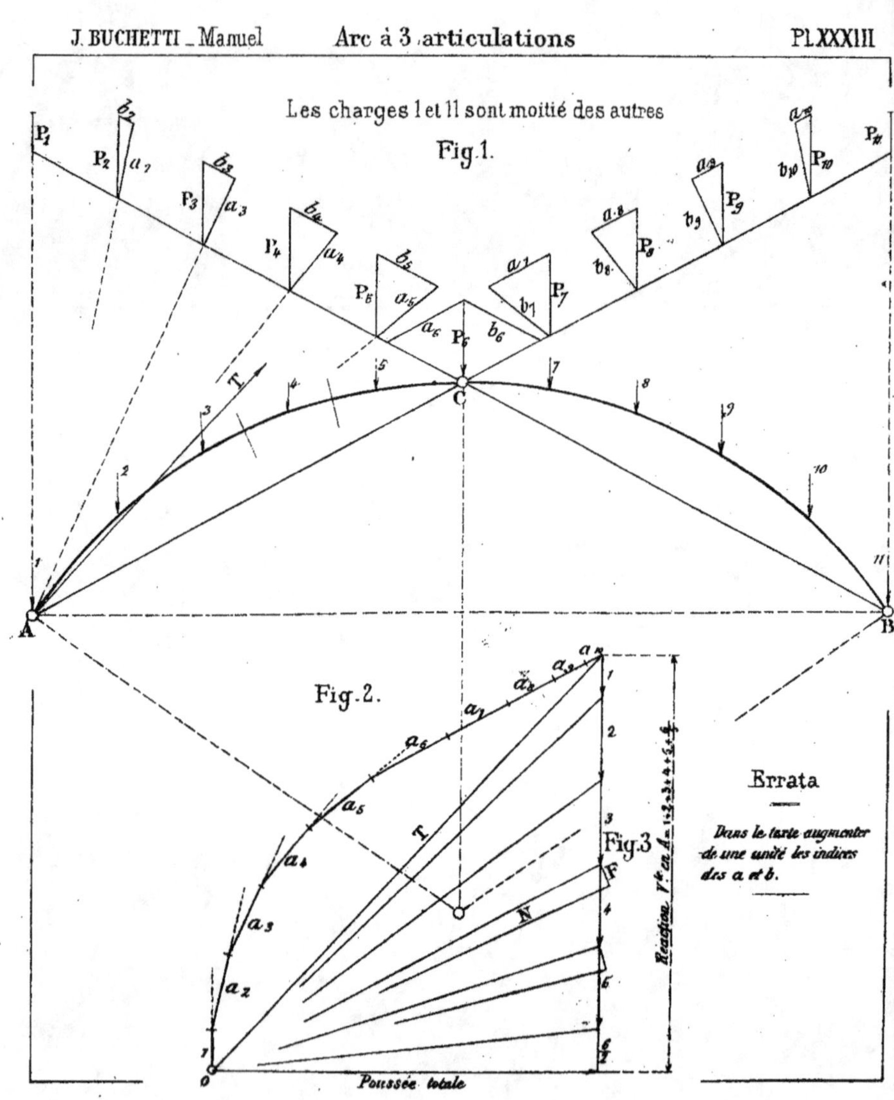
Les charges 1 et 11 sont moitié des autres
Fig.1.
P1
P2
b2
a7
P3
b3
a3
P4
b4
a4
P5
b5
a5
a6
P6
b6
a1
b1
P7
b7
a8
b8
P8
a9
b9
P9
b10
P10
a10
P11
T
A
B
C
1
2
3
4
5
7
8
9
10
11
Fig.2.
a11
a10
a9
a8
a7
a6
a5
a4
a3
a2
T
1
2
3
4
5
6
7
N
F
Fig.3.
0
Poussée totale
Réaction 1re en A = 1+2+3+4+5+6
Errata
Dans le texte augmenter
de une unité les indices
des a et b.

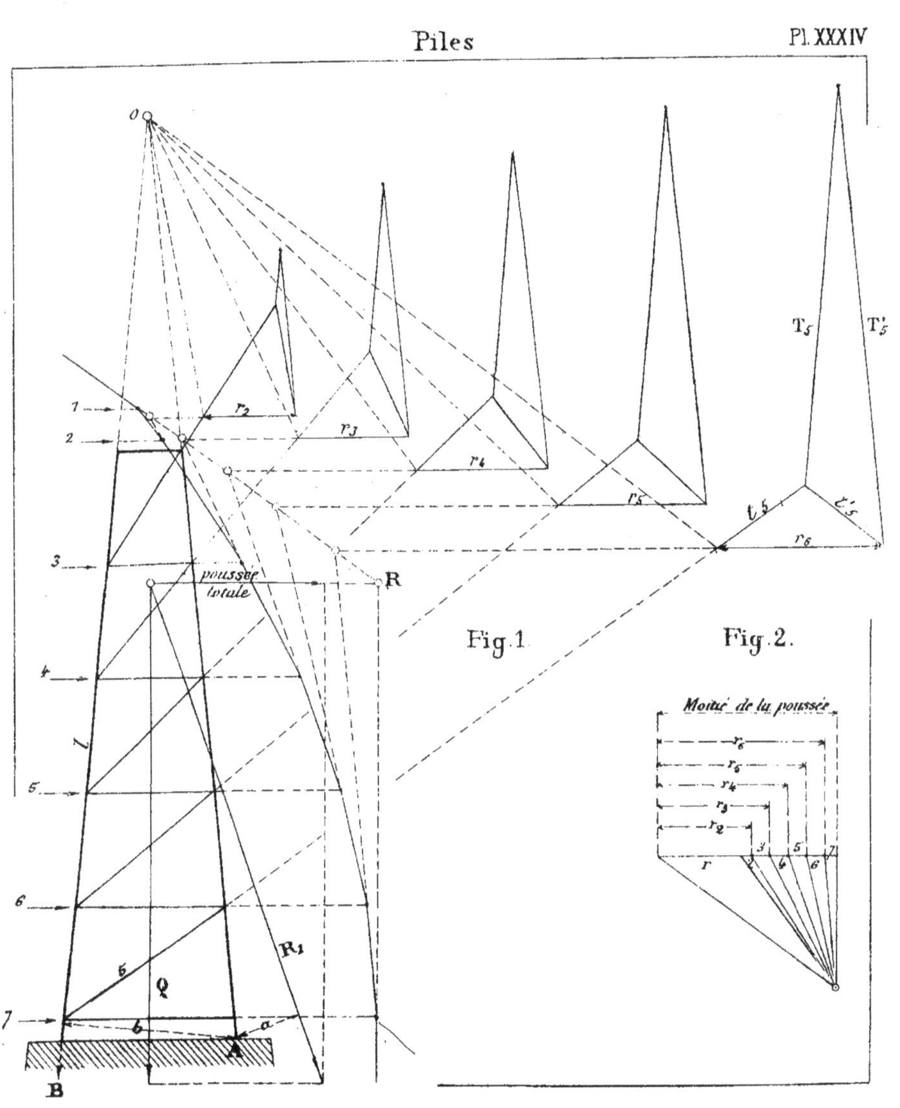

Piles
Pl. XXXIV
O
1
2
3
4
5
6
7
r₂
r₃
r₄
r₅
r₆
T₅
T'₅
t₅
t'₅
poussée totale
R
R₁
Q
B
A
a
b
Fig. 1.
Fig. 2.
Moitié de la poussée
r₆
r₅
r₄
r₃
r₂
r

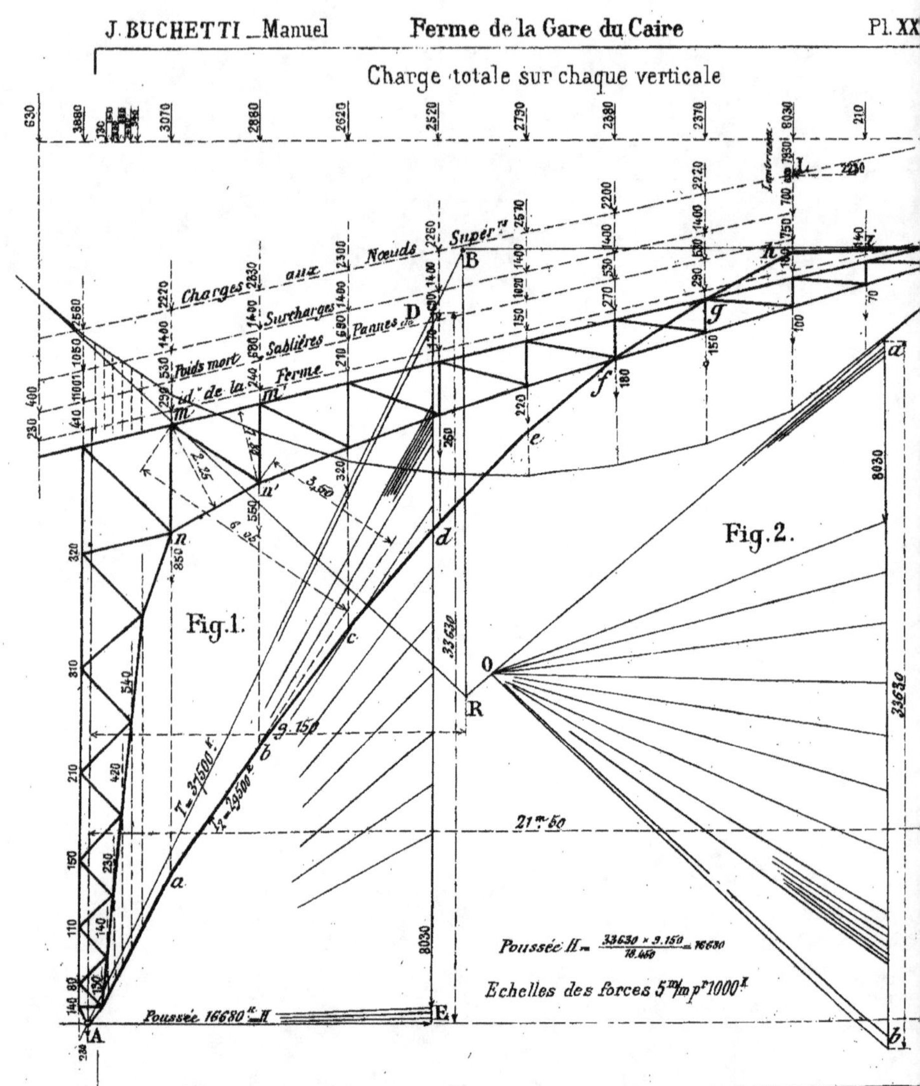
Charge totale sur chaque verticale
Charges aux Nœuds Supér^rs
Surcharges
Poids mort
Sablières Pannes de
id de la Ferme
Fig.1.
Fig.2.
Poussée 16630^k H
Poussée H = 33630 × 9.150 / 18.650 = 16630
Echelles des forces 5^m/m p^r 1000^k

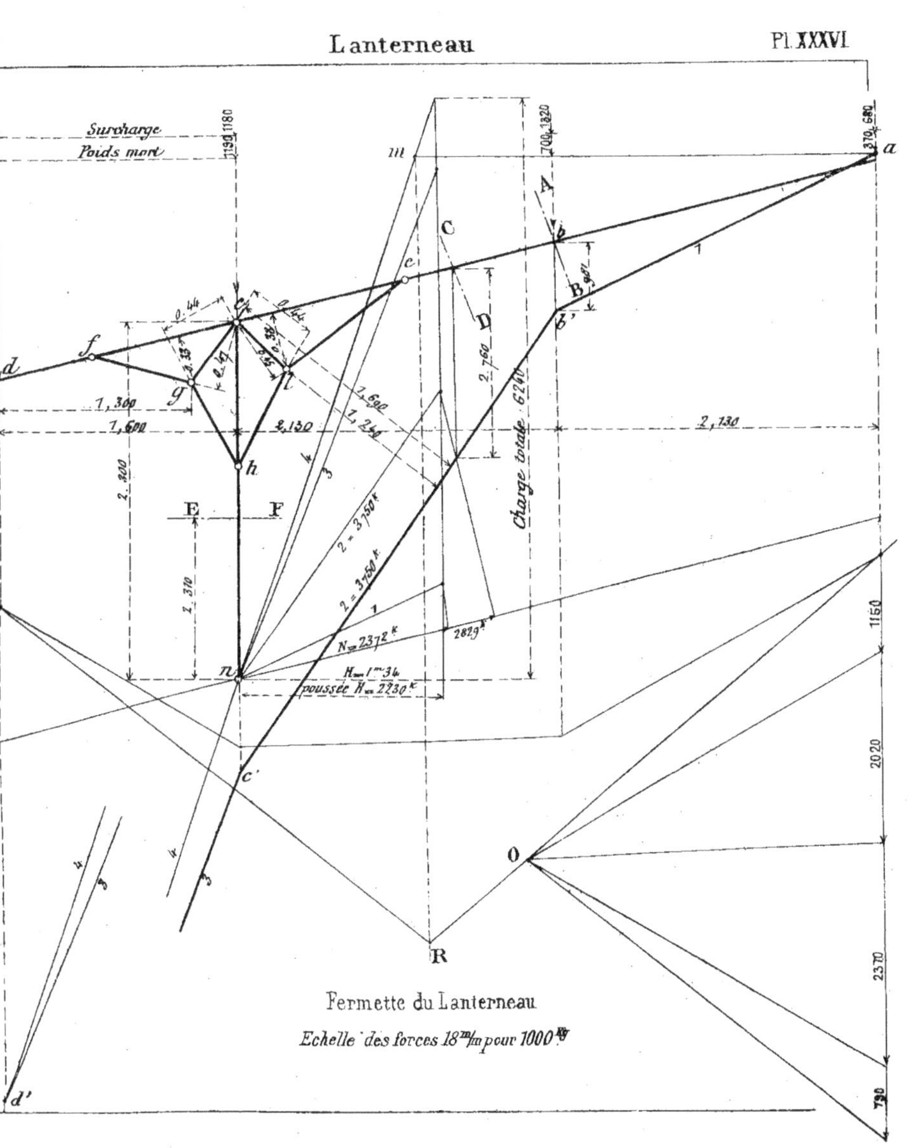

Fermette du Lanterneau

Echelle des forces 18 m/m pour 1000 kg

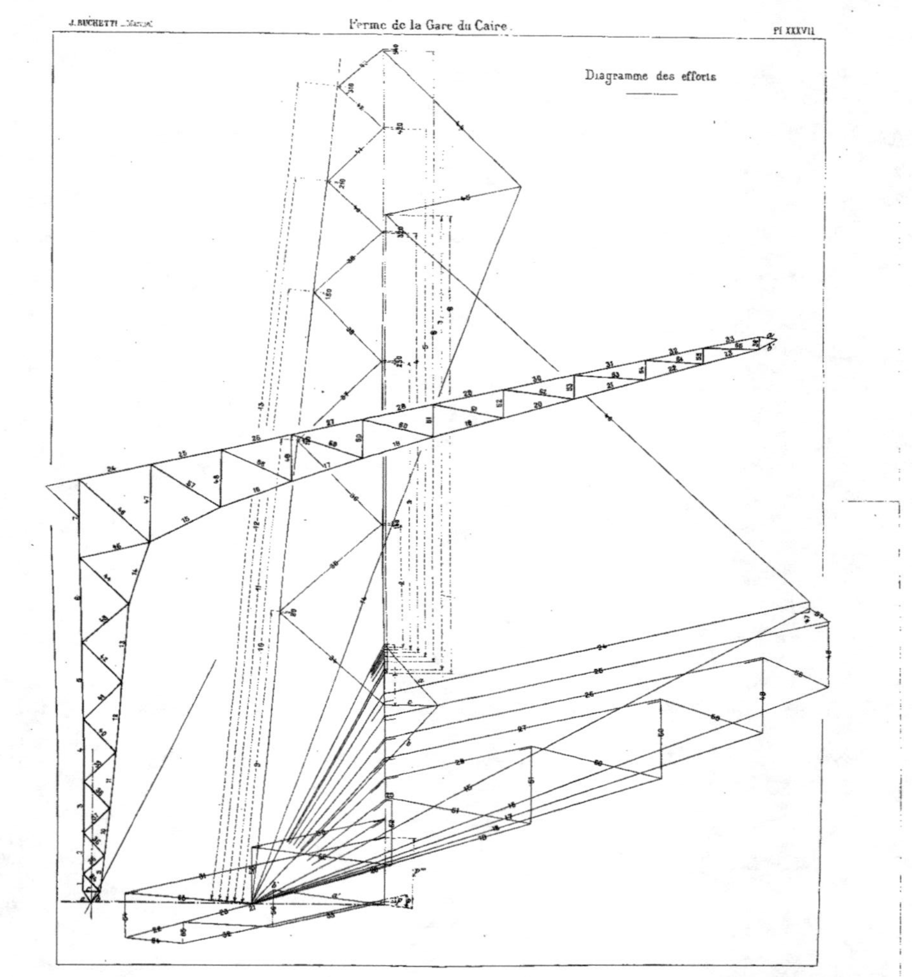

J. BUCHETTI. Mériot.
Ferme de la Gare du Caire.
Pl. XXXVII
Diagramme des efforts

Machine verticale d'essai de F. Chauvin (A.-M.)

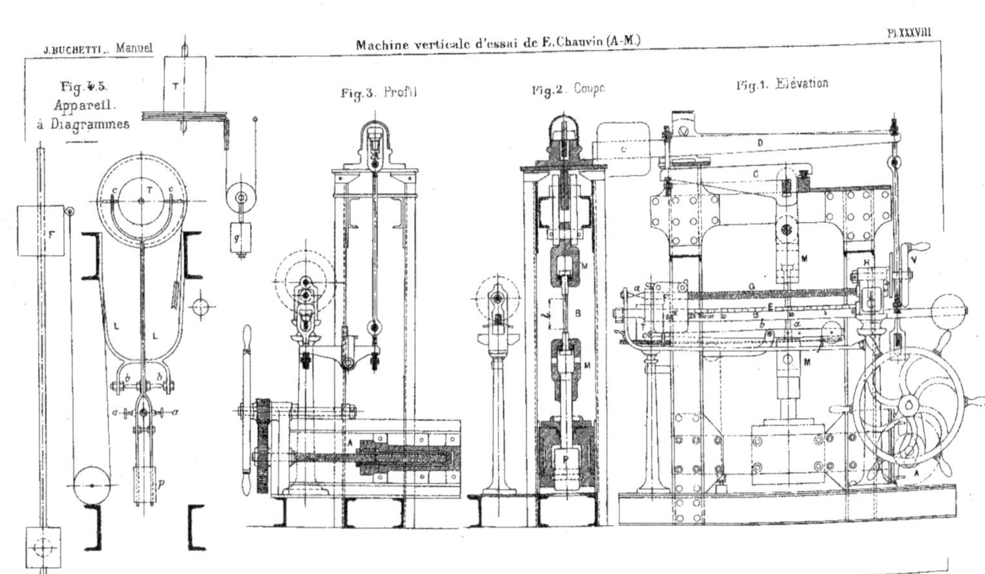

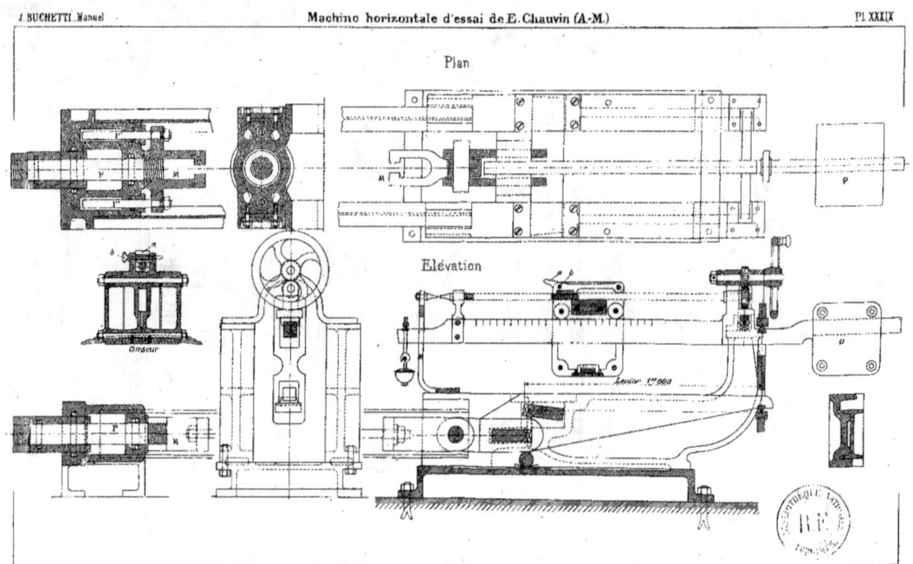
Plan
Élévation
Casseur
Levier 1:1000

LISTE DES OUVRAGES DE J. BUCHETTI

Aide-mémoire Français. — Un volume in-18°, 524 fig., relié. . Prix fr. 10

Les machines à vapeur actuelles. — 2ᵉ édition.

1ʳᵉ Partie. Calculs des machines, 1 vol. in-4°, 127 fig. 2 pl. . . . . } Prix 40

2ᵉ — Distributions, 1 vol. texte, 1 atlas de 18 pl. in-4° . . . }

3ᵉ — Construction, 1 vol. in-4°, 281 fig., 1 album in-f° 50 pl. . Prix 50

L'ouvrage pris complet . . . . Prix 75

Supplément aux machines à vapeur actuelles (1ʳᵉ édition).

— Texte in-4°, fig. et album de 20 planches (quelques exemplaires). Prix 30

Les machines à vapeur à l'Exposition de 1889. — Texte
in-4°, fig. et album de 40 planches (quelques exemplaires) . . . . Prix 30

Guide pour l'essai des moteurs à vapeur, à gaz. (Nou-
velle édition (3ᵉ) refondue.) — Un vol. in-8°, 179 figures, cartonné. Prix 15
(Cet ouvrage a été traduit en anglais, dès son apparition.)

De la mesure du travail des machines-outils, etc. —
Dynamos et dynamomètres, texte avec 27 figures et 17 planches. Prix 15

Les moteurs hydrauliques actuels (2ᵉ édition). — 2 vol. in-4°,
et album de 40 planches, en carton . . . . Prix 60

Les Turbines actuelles. — Texte et album de 30 planches . . Prix 40

Les Pompes centrifuges et rotatives. — Théorie et construction, 1 vol. in-8°, 35 fig., 20 planches . . . . Prix 15

Manuel des constructions métalliques. — Nouvelle édition (3ᵐᵉ) refondue et augmentée. — Texte in-4° avec 222 figures
et Atlas cartonné de 39 planches . . . . Prix 40

Angers, imp. A. Burdin et Cⁱᵉ, rue Garnier, 4.